spot

MÁQUINAS PODEROSAS

LAS MEZCLADORAS DE CONCRETO

por Mari Schuh

AMICUS

canaleta

cuba

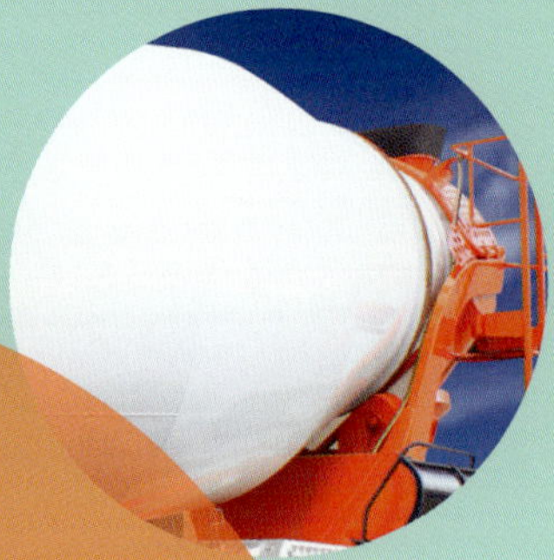

Busca estas palabras y estas imágenes a medida que lees.

tolva

tanque

¡Mira! ¡Ahí viene una mezcladora de concreto! ¿Qué puede hacer?

Mezcla concreto húmedo.

El concreto es espeso.

Es pesado.

¡A mezclar!

tolva

¿Ves la tolva?
Tiene un agujero grande.
El concreto se vierte
en la tolva.
¡Por ahí baja!

cuba

¿Ves la cuba?
Es grande. Da vueltas.
Mezcla el concreto.

¿Ves la canaleta? Es larga.
El concreto baja por ahí.
¡Mira cómo cae!

canaleta

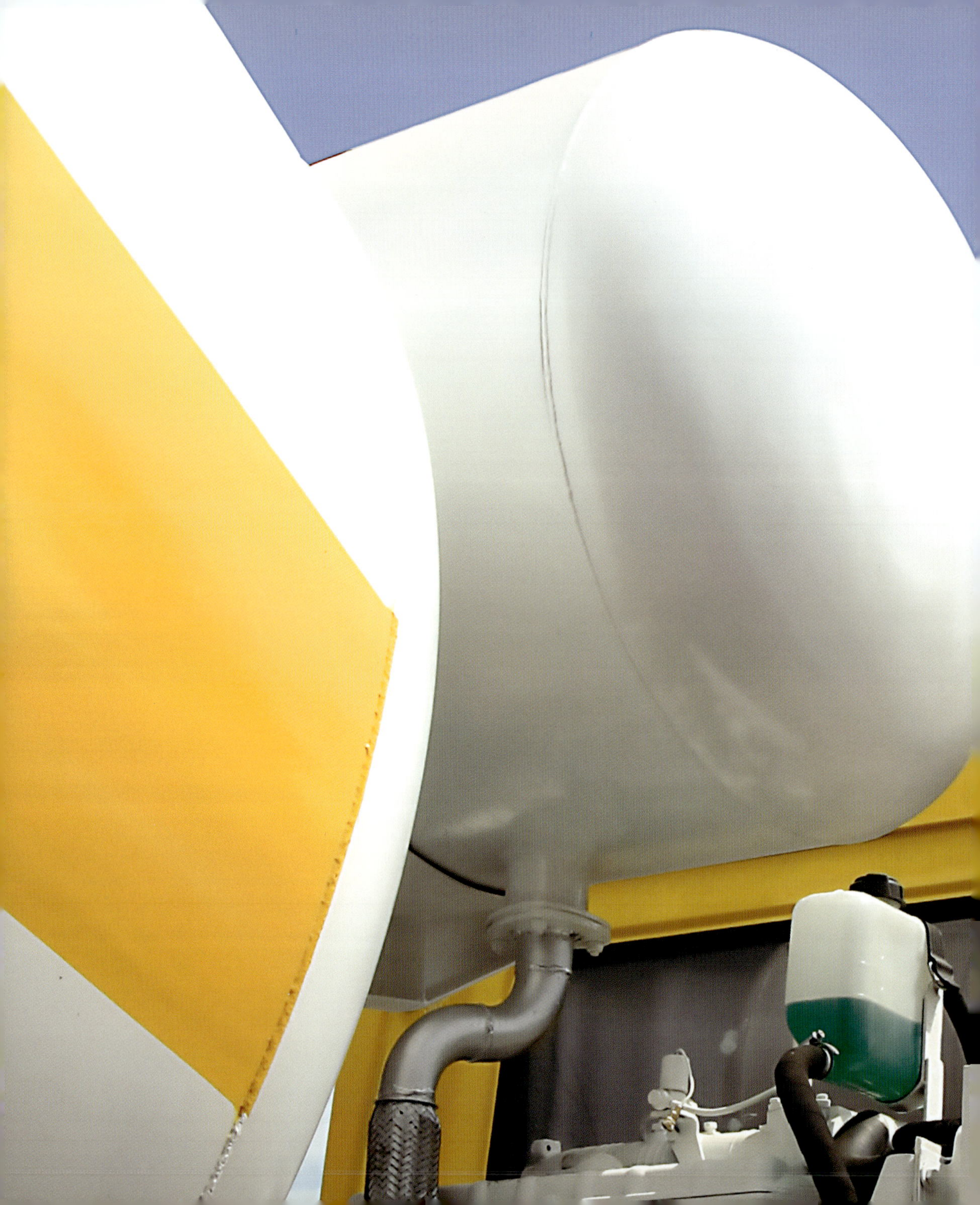

tanque

¿Ves el tanque?
Contiene agua.
El agua limpia la cuba.

Una mezcladora de concreto siempre está ocupada. Hace carreteras. También hace muros. ¡Mira cómo trabaja!

canaleta

cuba

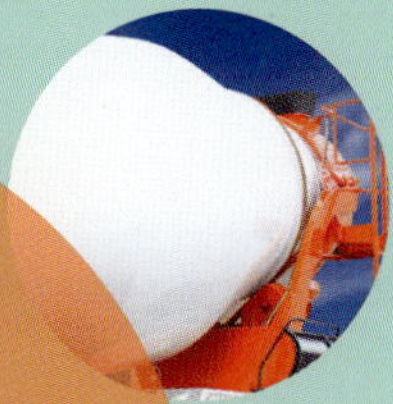

¿Hallaste estas palabras y estas imágenes?

tolva

tanque

Spot es una publicación de Amicus
P.O. Box 1329, Mankato, MN 56002
www.amicuspublishing.us

Información del catálogo de publicaciones de la biblioteca del congreso
Names: Schuh, Mari C., 1975- author.
Title: Las mezcladoras de concreto / por Mari Schuh.
Other titles: Concrete mixers. Spanish
Description: Mankato, Minnesota : Amicus, [2018] |
Series: Spot. Máquinas poderosas | Translation of: Concrete mixers.
Identifiers: LCCN 2017005095 | ISBN 9781681512655
(library binding : alk. paper)
Subjects: LCSH: Concrete mixers--Juvenile literature.
Classification: LCC TA439 .S35718 2018 | DDC 620.1/360284--dc23
LC record available at https://lccn.loc.gov/2017005095

Impreso en los Estados Unidos de América

HC 10 9 8 7 6 5 4 3 2 1

Para Jadyn —MS

Wendy Dieker, editora

Deb Miner, diseño de la serie

Aubrey Harper, diseño del libro

Holly Young, investigación fotográfica

Traducción de Victory Productions, www.victoryprd.com

Fotos de Dreamstime 8–9; iStock portada, 1, 3, 4–5, 6–7, 12–13, 14–15; Shutterstock 10–11